Henri Blerzy

Les torrents des Alpes

Étude

 Le code de la propriété intellectuelle du 1er juillet 1992 interdit en effet expressément la photocopie à usage collectif sans autorisation des ayants droit. Or, cette pratique s'est généralisée dans les établissements d'enseignement supérieur, provoquant une baisse brutale des achats de livres et de revues, au point que la possibilité même pour les auteurs de créer des œuvres nouvelles et de les faire éditer correctement est aujourd'hui menacée. En application de la loi du 11 mars 1957, il est interdit de reproduire intégralement ou partiellement le présent ouvrage, sur quelque support que ce soit, sans autorisation de l'Éditeur ou du Centre Français d'Exploitation du Droit de Copie , 20, rue Grands Augustins, 75006 Paris.

ISBN : 978-1976541209

10   9   8   7   6   5   4   3   2   1

Henri Blerzy

Les torrents des Alpes

Étude

Table de Matières

Introduction 6

Section I 9

Section II 17

Introduction

Pendant longtemps, les géologues expliquèrent par des mouvements convulsifs du sol la forme actuelle de notre planète. Les montagnes étaient de brusques soulèvements ; l'affaissement qui y correspondait avait donné naissance aux bassins des lacs et des mers ; les vallées étaient des fissures restées béantes lorsque l'écorce du globe s'était disloquée. Partout, dans la croûte solide de la terre, on voulait voir la trace de catastrophes plus ou moins récentes ; tout au plus accordait-on aux intempéries atmosphériques et aux eaux courantes la puissance de niveler quelques bas-fonds, d'adoucir quelques pentes. Certains géologues novateurs, la plupart Anglais d'origine, ont répudié ces vieilles doctrines en ces dernières années. A la théorie du *catastrophisme*, seule admise jusqu'alors, ils ont substitué la doctrine de l'*uniformisme*, qui consiste en ceci, que les phénomènes sont dus, sauf des variations d'intensité, aux forces encore actives de nos jours. Plus de soulèvements subits, mais de lentes oscillations dont l'effet n'est bien sensible qu'après des milliers ou des millions d'années ; — des mers dont le sol s'enfonce ou se relève imperceptiblement chaque siècle, des vallées que les glaciers et les torrents creusent et nivellent petit à petit par érosion, des plaines de gravier et des deltas sablonneux auxquels l'eau courante apporte chaque jour un léger surcroît de matériaux arrachés à la montagne, — telle serait l'histoire du globe éternellement modifié sur lequel nous vivons.

Cette doctrine nouvelle, qui n'a que le tort insignifiant d'assigner au monde une antiquité prodigieuse, est conforme au véritable esprit scientifique, parce qu'elle remplace les cataclysmes accidentels par le jeu régulier des forces ordinaires de la nature. L'observation des faits lui est d'ailleurs favorable. Les recherches poursuivies depuis vingt-cinq ans en tout pays, dans les plaines aussi bien que dans les montagnes, ont rendu évidente la puissance excessive des glaciers, de ceux qui pendent encore sur le flanc des montagnes, et surtout de ceux qui recouvraient l'Europe centrale aux époques antéhistoriques, lorsque le glacier du Rhône s'allongeait jusqu'à Lyon et qu'au pied des Pyrénées un autre glacier de 400 à 800 mètres d'épaisseur déposait sa *moraine* terminale à 15 kilomètres de Tarbes.[1] Triturant le sol à leur base, transportant à leur sommet des quartiers de roc sans en adoucir les arêtes vives, ces pesantes masses de glace glissent avec lenteur du haut des montagnes, où elles se forment, dans la plaine, où la chaleur du climat les réduit en eau. Elles attaquent la roche et charrient le déblai, reproduisant sur une immense échelle l'œuvre des terrassiers ; elles sont à la fois la pioche et le véhicule. Suivant l'expression fort exacte de M. Cézanne, « incessamment aidées dans leur tâche par l'action atmosphérique, leur force vive est inépuisable, car le soleil, comme une pompe gigantesque qui jamais ne s'arrête, aspire l'eau des mers et la précipite sur les montagnes. »

L'œuvre d'érosion et de nivellement que les glaciers ont accomplie jadis avec tant de vigueur, et qu'ils continuent sous nos yeux avec une énergie plus restreinte, les fleuves, les rivières, les torrents et les moindres ruisseaux l'accomplissent aussi, plus lentement, il est vrai, partout où les eaux courent chargées de cailloux, de sable et de boue. Les eaux qui ruissellent à la surface du sol après une pluie abondante entraînent tant soit peu de limon ; réunies dans un pli de terrain, elles roulent des graviers ; accumulées dans un ravin étroit et rapide, elles déplacent des blocs énormes, elles rongent les berges, qui leur donnent, en s'écroulant, un nouvel aliment ; puis toutes ces matières se déposent à mesure que la vitesse du liquide diminue, soit que le lit s'élargisse ou que la pente devienne moins raide. Il s'opère une sorte de triage entre les matériaux charriés. Les plus gros s'arrêtent les premiers, le gravier se dépose ensuite quand le torrent a pris les allures tranquilles d'une rivière ; le sable, que son extrême ténuité maintient plus longtemps en suspens, descend jusqu'à la mer. De ce mouvement perpétuel des matières solides de l'amont vers l'aval résultent trois conséquences fâcheuses : la montagne est incessamment rongée par les ruisseaux qu'elle alimente ; le lit des rivières, encombré de sables et

---

1 Voyez les études de M. Ch. Martins sur les *Glaciers actuels et la période glaciaire* dans la *Revue* du 15 janvier, du 1er février et du 1er mars 1867.

de graviers, ne peut plus contenir les eaux, qui débordent en temps de crue par-dessus les berges ; les embouchures des fleuves s'obstruent par des bancs que le mouvement des flots déplace chaque jour. Il y a parfois cependant quelques avantages à mettre en regard de ces graves inconvénients : les eaux troubles, que l'on peut employer en irrigations, déposent sur le sol un limon fertile ; mais tout le profit que l'industrie humaine a su tirer en certaines contrées de cette opération, connue sous le nom de colmatage, ne saurait balancer les désastres que causent l'érosion des torrents dans les Alpes, les inondations dans le bassin de la Loire et les bancs de sable mobiles à l'embouchure de la Seine ou de la Garonne.

Notre globe a traversé dans les temps antéhistoriques, mais non pas avant l'apparition de l'homme, une ère glaciaire dont les effets gigantesques se révèlent çà et là par des amas de pierres, et dont les glaciers actuels reproduisent en petit les terribles phénomènes. Il est en proie aujourd'hui à l'ère torrentielle. Celle-ci sans doute n'a plus toute son activité primitive, car le développement de la végétation et le changement du climat l'atténuent de jour en jour. On voit des rivières couler inoffensives au fond de vallées que les eaux affouillèrent autrefois à plus de 100 mètres au-dessous du niveau du sol primitif. Cependant les torrents causent encore d'affreux ravages en certaines contrées. On ne s'en préoccupe guère que lorsque le désastre atteint un pays riche et fertile, par exemple quand le Rhône ou la Loire déborde, et l'on ne fait pas attention aux dommages plus fréquents qu'éprouvent les pays de montagnes. D'après ce qui précède, il est clair que l'érosion des montagnes par les torrents est en quelque sorte l'origine des dégâts que produisent les inondations dans les plaines et les atterrissements sur le littoral. C'est donc là qu'il faut de préférence étudier le phénomène et en chercher le remède. Il n'est pas nécessaire pour cela d'aller loin. Nos départements de la frontière sud-est, celui des Hautes-Alpes en particulier, sont un exemple lamentable de ce que produisent les torrents.

Henri Blerzy

Section I

Les rivières qui coulent des Alpes françaises vers le Rhône, la Durance, le Drac, la Romanche, ont un cours rapide et tortueux ; elles charrient des sables et de la boue, elles s'enflent beaucoup dans la saison des orages et des fontes de neige, et diminuent de volume le reste de l'année. Toutefois ce ne sont pas ces cours d'eau, que les gens du pays appellent des torrents, ils réservent ce nom à de courts affluents qui prennent naissance dans les replis des montagnes, s'enfoncent entre des talus abrupts et débouchent dans la vallée principale après un parcours de quelques kilomètres, en s'étalant sur un lit démesurément large et bombé. Le torrent se divise ainsi en trois parties distinctes : un bassin de réception, un canal d'écoulement et un cône de déjection. Le bassin de réception a la forme d'un vaste entonnoir dont les flancs, ravinés par les eaux, s'éboulent à chaque pluie d'orage. Lorsqu'il est situé dans les parties hautes des montagnes, la neige que l'hiver y avait amoncelée s'affaisse en peu de jours aux premières chaleurs du printemps, et la masse liquide qu'accumule au fond de l'entonnoir une infinité de petits courants produit une crue non moins subite qu'excessive. La terre, les cailloux, même des fragments de rocher, sont entraînés par les eaux, si bien que la capacité du bassin s'agrandit à chaque crue. En été, toute grosse pluie d'orage est suivie du même effet. L'eau ruisselle rapidement sur les flancs dépouillés et ameublis, que ne protège nul arbuste, nulle racine. La montagne est rongée jusqu'à ce que le roc vif soit mis à nu. Ce qui caractérise spécialement le bassin de réception est que le torrent y affouille sans cesse. Le canal d'écoulement est une gorge étroite, profondément encaissée entre deux berges abruptes qui, minées par le courant, s'éboulent de temps en temps, et fournissent au torrent une grande masse de ses alluvions et les plus gros des blocs qu'il charrie. A part ces éboulements, le courant n'y affouille pas ; il n'y dépose rien non plus, car la pente du lit est toujours assez forte ; mais, lorsqu'au sortir de cette gorge les eaux débouchent dans la vallée, elles se répandent sur une large surface, y perdent par conséquent leur vitesse et abandonnent les matériaux qu'elles n'ont plus la force d'entraîner, les plus gros d'abord, les moindres un peu plus loin. C'est ainsi que se forme le cône de déjection, montagne artificielle ronde et bombée, masse de blocs et de cailloux, qui s'accole à la montagne véritable et s'étale aux dépens de la vallée. Le ruisseau, quand il est calme, coule habituellement sur l'arête culminante de ce cône, au sommet du dos d'âne, dans un lit qu'il s'est creusé, tandis qu'au moment des crues il sort de ce lit instable et se promène sur l'un ou l'autre bord de ses déjections. On dit alors qu'il divague, et partout où il passe il laisse de nouveaux débris, jusqu'à ce que, descendu au plus bas de la pente, il déverse dans la rivière dont il est l'affluent ses eaux encore chargées de sable ou tout au moins de limon.

Ainsi le torrent est nuisible à la vallée de même qu'à la montagne. Si d'une part il affouille, de l'autre il dépose. Or la montagne n'est pas un terrain sans valeur. Dans le département des Hautes-Alpes, où le sol est maigre et la population pauvre, beaucoup d'habitants s'adonnent à la vie pastorale. C'est dans la montagne que sont situés les pâturages dont vivent non-seulement les troupeaux du pays, mais encore ceux des plaines basses de la Provence que la sécheresse chasse en été de leurs domaines. Outre que le bassin de réception, en s'agrandissant de plus en plus, diminue la surface gazonnée, tout le terrain environnant s'ébranle par contrecoup. Le long des deux rives du torrent courent de larges fentes parallèles au lit. Ce sont des quartiers qui glissent et s'effondrent par le dessous en attendant que les eaux les aient rongés par lambeaux. Des chalets, des villages entiers sont menacés d'être engloutis de cette manière. Chaque année, le torrent gagne du terrain, et quelques cabanes sont abandonnées. On montre aujourd'hui sur les bords du Rabioux, suspendues au milieu des berges, les ruines d'un monastère habité par les bénédictins au XIIIe siècle. Si loin que les habitations se trouvent des rives d'un torrent, l'ébranlement s'étend si vite que l'on ne peut jamais se croire à l'abri de ces affaissements.

Dans la vallée où se dégorgent les eaux, le dommage n'est pas moins redoutable, quoique d'une autre nature. C'est là que sont les champs cultivés, les villages les plus riches ; c'est aussi là que passent les grandes routes. Le cône, qui s'exhausse et s'accroît sans cesse, ne s'arrête devant aucune digue ; il ensevelit les héritages sous un monceau de pierres. On cite de ces montagnes artificielles qui ont 70 mètres d'élévation à leur sommet et plusieurs kilomètres de circonférence à leur base. Parfois la surface colmatée par un limon fertile est devenue susceptible de culture. Les paysans s'y établissent avec insouciance, défrichent le sol, bâtissent des maisons jusqu'au jour où quelque écart des eaux emportera le fruit de leur travail. Quant aux routes, elles traversent le plus souvent à gué le lit du torrent. On a bien construit quelques ponts ; mais tantôt le lit s'exhausse et enterre la maçonnerie, tantôt les culées s'écroulent parce que le sol s'affouille à leur pied, tantôt encore le lit se déplace et le courant se dirige vers un autre point de la route, ou bien une crue extraordinaire balaie toute la construction. Aussi se contente-t-on le plus souvent de débarrasser la chaussée, après chaque débâcle, des alluvions et des gros blocs dont elle est recouverte. Pendant l'hiver, lorsque la neige revêt les montagnes et les vallées d'un manteau uniforme, l'œil ne reconnaît plus aucun vestige du chemin sur le cône, où il n'y a ni arbres ni maisons ; les voituriers s'égarent et tombent dans les trous. Sur la montagne, les chemins vicinaux sont établis quelquefois dans le lit même du torrent, que des berges vives surplombent à pic de droite et de gauche. Que deviendrait le voyageur surpris par un orage au milieu de ces défilés ? S'il reste au fond du lit, les eaux vont l'engloutir ; s'il essaie de gravir les pentes, le sol s'écroule sous ses pieds. Il est de ces routes où les gens du pays n'ont garde de s'aventurer quand ils prévoient le mauvais temps. Tel est l'état des voies de communication dans un département de la France, à 50 lieues à peine de Lyon et de Marseille.

Les torrents n'exercent pas leurs ravages dans le seul département des Hautes-Alpes ; les départements voisins de l'Isère, de la Drôme et des Basses-Alpes en éprouvent aussi les effets malfaisants. Depuis que l'attention s'est portée sur ce sujet, les géologues ont reconnu l'œuvre des torrents en tout pays de montagnes, dans les Pyrénées, les Cévennes, en

Savoie, en Piémont, en Suisse. Il n'est pour ainsi dire pas une ondulation du sol où l'on ne discerne dans une crevasse les deux caractères distinctifs qui ont été décrits plus haut : l'érosion des terrains en pente rapide, et le dépôt d'un cône de déjection lorsque les eaux torrentueuses arrivent sur une surface plus large et moins inclinée. Le même phénomène s'est produit jadis, on n'en peut douter, avec une gigantesque énergie dans les temps où notre hémisphère, sortant de l'époque glaciaire, était sillonné par des cours d'eau impétueux. M. Cézanne signale d'immenses cônes de déjection au pied des Pyrénées, au débouché de l'Adour, du Gave et de la Garonne, puis dans la vallée de l'Isère, depuis Voiron, qui en est le sommet, jusqu'à Pont-de-Beauvoisin, Vienne et Voreppe, qui sont à la base. Dans ce dernier cas, il est vrai, le cône a été tellement raviné par les rivières en des temps plus récents que la forme en est maintenant indécise. Suivant le même auteur, le plateau des Dombes, couvert aujourd'hui par des étangs auxquels il doit sur la carte l'aspect d'une plaine parfaitement plate, n'est autre chose qu'un cône à pente presque insensible, dont la création remonte aux plus beaux temps de l'ère torrentielle ; mais en aucune des contrées du globe qui nous sont bien connues l'observateur ne voit de nos jours les torrents produire d'aussi grands dégâts que dans les Alpes du Dauphiné et dans le canton suisse du Tessin. Pourquoi le phénomène persiste-t-il à se montrer là dans toute son intensité, bien qu'il s'efface ailleurs dans des conditions en apparence favorables ?

Il faut en chercher la cause dans le climat et dans la nature géologique du terrain. La vallée de la Durance, — celle du Tessin a même orientation, — est ouverte vers le midi et protégée vers le nord par de hautes montagnes. Elle participe donc du climat sec de la Provence, qui n'est guère favorable à la végétation ; partant les terrains escarpés restent souvent nus, ce qui les expose d'autant plus au ravinement des eaux courantes. De plus, les vents qui soufflent de la mer déposent, en remontant les pentes, l'humidité dont ils sont saturés. Il en résulte des pluies rares, mais intenses. Il y tombe, année moyenne, plus d'eau qu'à Paris ; seulement, au lieu de se répartir en un grand nombre de jours de pluie, c'est l'affaire de quelques heures d'orage. On cite des années où il n'y eut que dix-sept jours de pluie ou déneige. On n'y connaît ni les brumes, ni les brouillards qui assombrissent les pays du nord ; le ciel est d'habitude pur et serein, l'air est limpide ; en revanche, les nuages s'en lassent par instant de tous les points de, horizon et fondent à l'improviste en prodigieuses averses.

Quant à la nature du terrain, les vallées des Hautes-Alpes présentent l'aspect d'un sol disloqué dans tous les sens. Est-ce parce que ces montagnes sont l'ouvrage d'un soulèvement récent dont l'âge n'a pas encore consolidé les débris ? Les roches les plus compactes sont brisées, fendillées ; par conséquent, elles résistent mal au frottement des eaux courantes. Le gneiss et le grande, qui seule sont insensibles aux influences atmosphériques, n'apparaissent qu'au sommet. Dans la région moyenne, ce sont des schistes et des calcaires broyés par l'air et le soleil. Ailleurs c'est du gypse qui se dissout presque dans l'eau. Ces terrains n'offrent aucune résistance au fléau qui les bouleverse.

Et pourtant il semble démontré que le versant français, des Alpes n'a pas toujours offert l'aspect désolé qu'on lui voit aujourd'hui. S'il est certains torrents dont l'antiquité n'est pas contestable ; d'autres au contraire ne sont devenus actifs qu'à une époque moderne, quelques-uns même n'ont manifesté leur puissance destructive que depuis un petit nombre d'années. Le sol tendre et mobile des montagnes est par cela même, en dépit de la sécheresse, propre à la culture forestière ; les arbres dont les racines entre-croisées arrêtent la descende des eaux pluviales, font obstacle aux crues subites des ruisseaux. En remontant les petits affluents de la Durance, on aperçoit quelquefois d'anciens torrents devenus inoffensifs. Le bassin de réception, recouvert d'une épaisse forêt ne donne plus naissance qu'à un ruisseau limpide ; le cône de déjection, que la montagne a cessé d'exhausser à ses dépens, s'est garni de plantations vigoureuses qui en dissimulent le modelé primitif. C'est, pour employer l'expression usitée, un torrent *éteint* ; la végétation l'a désarmé. Que si par malheur il prend fantaisie aux habitants du voisinage d'exploiter cette forêt qui les protège, aussitôt les eaux reprennent leur vertu destructive ; elles ravinent de nouveau les pentes, rongent les berges, et rejettent au milieu des cultures du cône les débris qu'elles ont arrachés dans le haut de leur lit.

Il est incontestable aussi que les versants des Alpes françaises ont connu des alternances de végétation arborescente et de défrichement par lesquelles s'explique que tel vallon soit boisé maintenant après avoir été déchiré par les eaux sauvages, tandis que tel autre est devenu la proie des torrents après en avoir été protégé des siècles durant. Au sortir de l'ère glaciaire, c'est-à-dire lorsque les immenses glaciers des temps antéhistoriques reculèrent jusqu'à leurs limites actuelles par suite du réchauffement graduel de notre hémisphère, les pentes apparurent tout à coup au soleil nues et friables. Un froid prolongé les avait totalement dégarnies d'arbustes : les eaux y exercèrent leurs ravages ; mais le reboisement spontané ne se fit pas attendre. Sur toute surface qu'éclairait le soleil et qu'arrosait la pluie, la force végétative fit merveille ; les plantes herbacées d'abord, puis les arbustes, puis les grands arbres retinrent le sol croulant des montagnes. Les torrents les moins funestes, les plus nombreux, ceux que ne favorisait pas le voisinage des glaciers ou l'extrême déliquescence du terrain, s'endormirent d'eux-mêmes. Les Alpes étaient alors inhabitées. Un peu plus tard survinrent les peuplades humaines, qui s'étaient contentées de vivre dans les plaines tant qu'elles n'avaient pas été trop nombreuses. Ces hommes primitifs voulaient des terres à mettre en culture, et des pâturages pour leurs bestiaux. Ils continuèrent dans la montagne l'œuvre de défrichement qu'ils avaient commencée sans inconvénient à de moindres altitudes, et, ce faisant, ils détruisirent l'obstacle que la nature avait élevé contre les eaux malfaisantes. Néanmoins les grands bois ne disparurent alors qu'en partie. Les populations étaient rares, et, dès qu'elles s'organisèrent en société, les chefs revendiquèrent la jouissance ou la propriété des forêts. Il est certain cependant que les Alpes françaises étaient en grande partie déjà dénudées quand l'ordonnance de Colbert sur les eaux et forêts vint interdire les défrichements. Il y eut à la révolution quelques années de confusion ou de désordre dont les effets furent terribles.

Henri Blerzy

Les grands massifs forestiers que la confiscation enlevait à la noblesse et au clergé revinrent, les uns à l'état, qui n'avait guère le temps de les protéger, les autres aux communes, qui s'empressèrent d'abattre les futaies et de livrer le sol aux troupeaux. Pendant une dizaine d'années, l'exploitation des bois eut lieu sans règle ni frein, ce qui est nuisible à toutes les forêts et surtout à celles des pays de montagnes, où dominent les essences résineuses, qui ne se reproduisent pas sans des soins particuliers. Depuis cette époque jusqu'au moment (1840) où M. Surell décrivait le triste aspect des Hautes-Alpes, si ce n'est les habitants, personne ne parut plus s'inquiéter du dépérissement de ces vallées lointaines. Les communes, sous prétexte qu'elles étaient pauvres et réduites à vivre de leurs troupeaux, obtenaient sans trop de peine la permission de pâturer leurs bêtes à laine dans les forêts ; les détritus du sol forestier s'enlevaient chaque année au profit des maigres cultures du voisinage ; on tolérait à un degré abusif l'ébranchage des arbres verts pour les besoins de la vie domestique. Aussi la montagne se déboisait-elle rapidement, quoiqu'en même temps le pays s'appauvrît de plus en plus, parce que les habitants n'avaient plus de bois de chauffage et qu'en même temps les pâturages disparaissaient, usés par la dent du mouton ou dévorés par le torrent.

Circonstance étrange, qu'il importe de bien préciser, le mouton, la seule richesse de ce pays, en est aussi le fléau. Le pâturage n'est pas en lui-même une mauvaise chose : en Suisse, où domine la race bovine, la montagne est verte et productive ; en France et sur le versant italien, où le mouton est plus abondant, la terre est décharnée et s'épuise. Les qualités propres au bétail de l'une et l'autre espèce expliquent la différence des résultats. La vache tond l'herbe sans l'arracher ; avec ses larges pieds, elle tasse le sol et ne le coupe pas. Le mouton au contraire a le pied incisif, la dent tenace ; il ne broute pas, il arrache et fouille le sol. La chèvre est encore pire. On raconte que Napoléon Ier, demandant un jour à une députation de paysans du Jura ce qu'il pouvait faire pour eux, reçut cette réponse inattendue : « sire, faites une loi contre les chèvres. » Mais le mouton et surtout la chèvre sont le bétail du pauvre, que l'exiguïté de ses ressources prive d'avoir une vache dans son étable. N'est-il pas bizarre cependant que ces troupeaux doux et modestes, si chers aux poètes des temps héroïques, soient proscrits aujourd'hui au nom d'une science progressive ? Des savants à l'esprit positif prétendent que la race ovine a ruiné la Grèce et la Sicile ; quel effrayant commentaire des idylles de Théocrite et de Virgile !

Les moutons ne font au reste tant de dégâts que parce que le nombre s'en trouve hors de proportion avec les ressources du pays. Outre les troupeaux indigènes, les Alpes françaises nourrissent les troupeaux *transhumans*, qui vivent l'hiver sur les plaines de la Provence et se réfugient sur les hauteurs durant les grandes chaleurs de l'été. Ces bêtes, accoutumées aux prairies maigres et caillouteuses du midi, émigrent par longues bandes de 1,000 à 1,200 bêtes. Le trajet est long, sur les routes l'herbe est rare ; le mouton prend l'habitude de tondre l'herbe jusqu'à la racine, de fouiller le terrain du museau et des pattes. Arrivé sur les herbages plus riches de la montagne, il continue d'arracher gloutonnement les moindres plantes. Enfin les moutons marchent en file, on le sait, tous dans le même sentier, piétinant le sol à la même place, ébranlant les pierres et le gravier, qui roulent jusqu'au bas du talus. Cette double migration annuelle, du sud au nord et du nord au sud, convient, il est vrai, à l'animal. Pendant qu'il est sur les hauteurs, il engraisse, il échappe aux maladies ; sa laine prend une qualité supérieure. Qu'y gagnent en échange les habitants de la montagne ? Peu de chose en réalité : cinquante centimes par tête de bétail pour la saison. Chaque mouton indigène rapporterait à son propriétaire six ou huit fois plus par la laine et par l'engrais ; mais pour acheter des bêtes il faut un capital que n'a pas le paysan des Alpes. Celui-ci vit donc tant bien que mal de la chétive redevance payée par les bergers transhumants, avec la triste condition de voir d'année en année ce faible revenu décroître, parce que la terre se stérilise. M. Surell constatait déjà en 1840 que le nombre des bêtes à laine était réduit de moitié en quinze à vingt ans. Quelle ressource reste-t-il alors à l'habitant, qui n'a plus ni bois de chauffage ou de construction parce qu'une exploitation inintelligente a ruiné les forêts, ni pâturages parce que les troupeaux ont rongé l'herbe jusqu'à la racine, ni champs à mettre en culture dans la vallée, le torrent les ayant engloutis sous ses déjections ? Il ne peut plus qu'émigrer lui-même, — ce qu'il fait, bien qu'il aime son pays natal. De tous côtés, on aperçoit des cabanes désertes ou en ruines. La population diminue ; de 1806 à 1846, le département des Hautes-Alpes avait gagné 15,000 habitants ; de 1846 à 1866, il en a perdu 11,000. Dans toute la France, sans en excepter la Corse, c'est la portion du territoire où l'on compte le moins d'habitants par kilomètre carré.

Section II

Les principaux traits du sombre tableau des Hautes-Alpes que nous venons de tracer sont empruntés à l'*Étude sur les torrents*, ouvrage devenu classique, dans lequel un jeune ingénieur, alors au début de sa carrière, décrivait avec une singulière vivacité de style et de couleur les maux dont les Alpes françaises étaient affligées. Le livre de M. Surell, plein de science et d'observations, exposait ce que les savants appellent la théorie des torrents, et indiquait ensuite les mesures à prendre pour en arrêter les ravages. L'auteur a eu la bonne fortune de donner, après plus de trente ans, une seconde édition de cette œuvre de jeunesse sans avoir autre chose à en ôter que quelques notes devenues inutiles. Le remède qu'il avait prescrit a été mis à l'épreuve et trouvé bon. L'expérience a confirmé les sagaces prévisions de la théorie.

Et d'abord n'y a-t-il pas lieu de s'étonner que les montagnes bouleversées par les torrents aient été négligées si longtemps ? Un savant, M. Héricart de Thury, des préfets de ces malheureux départements, MM. Ladoucette et Dugied, s'étaient efforcés en vain d'attirer l'attention sur les ruines que les eaux entassaient chaque année dans la vallée de la Durance. C'était un pays pauvre, éloigné, néanmoins intéressant aussi bien par les souvenirs de son histoire que par l'honnêteté de sa population. La vallée de la Durance a fourni de tout temps le passage le plus commode de France en Italie ; le col du Mont-Genèvre, auquel elle aboutit, n'est pas désert et inhospitalier, c'est un plateau cultivé, habité. C'est par là que, depuis Annibal jusqu'à Louis XIV, on est entré le plus souvent en Piémont. Il n'est pas une gorge de ces montagnes qui ne soit illustrée par un combat. Vauban y avait fortifié les places importantes de Briançon, Embrun et Mont-Dauphin. Napoléon y avait fait passer une des grandes routes militaires de l'empire, et, quand en 1815 l'armée austro-sarde envahit le Dauphiné, les habitants des forteresses surent tenir l'ennemi à distance. Enfin de nos jours la garde mobile des Hautes-Alpes laissait la sixième partie de son effectif sur les champs de bataille. Voilà bien des titres par lesquels ce malheureux pays se recommande à nous. Par bonheur, l'œuvre de régénération de ces montagnes est enfin commencée. Il nous reste à dire comment on a mis à exécution les plans de M. Surell, et quels résultats sont obtenus déjà.

Jusqu'alors, on n'avait connu que deux moyens de défense contre les torrents : ils consistaient à endiguer le lit sur le cône de déjection, afin de donner aux eaux un cours régulier au lieu de les laisser divaguer au hasard parmi les champs cultivés, et à barrer les parties hautes du lit par des fascines ou des murs en pierre pour amortir la rapidité du courant. Les digues étaient surmontées en peu de temps, grâce à l'exhaussement du sol ; les barrages étaient culbutés par les fortes crues, et causaient alors de plus redoutables accidents. De plus, quelques communes de la montagne, effrayées de la ruine progressive de leurs pâturages, s'étaient avisées de les mettre *à la réserve*, c'est-à-dire d'en interdire l'accès aux troupeaux pendant plusieurs années. On y voyait alors l'herbe repousser, les arbustes même reparaître ; mais les habitants ne se résignaient qu'avec peine à ce sacrifice momentané de leurs communaux, puisqu'ils y perdaient les avantages de la culture pastorale, la seule que la nature escarpée du terrain leur permît. D'ailleurs ces divers remèdes, digues, barrages, mise en réserve, ne s'appliquaient nulle part avec ensemble, de manière à en obtenir la plus grande efficacité possible ; chacun agissait un peu à l'aventure, sans bien comprendre ce qui était le plus avantageux, et avec un dédain trop marqué de l'intérêt du voisin. Au surplus, les travaux de préservation dirigés contre les torrents se portaient de préférence sur la partie inférieure de leur cours, sur le cône de déjection, où les dommages étaient plus sensibles que dans la montagne. Ce fut un des grands mérites de M. Surell de démontrer jusqu'à l'évidence qu'il n'y avait rien à faire que de provisoire dans la vallée où débouche le torrent, et que le remède devait s'attaquer à la racine même du mal, être appliqué au bassin de réception, dans lequel se réunissent par filets imperceptibles les eaux qui plus bas affouillent les berges de leur lit, et plus bas encore roulent des avalanches de blocs et de cailloux.

Éteindre un torrent, pour employer l'ingénieuse expression que M. Surell a fait adopter, ce n'est pas en tarir les sources et en dessécher le lit ; c'est simplement mettre obstacle à ce que les eaux entraînent dans leur cours impétueux de la boue, des graviers et des fragments de rocher. Par cela seul que les eaux cessent d'être troubles, il est évident qu'elles cessent aussi d'être nuisibles, puisqu'elles ne rongent plus le sol et qu'elles ne déposent plus de sédiment. Or l'extinction s'obtient par les quatre opérations que voici : 1° tracer dans la montagne autour du bassin de réception une zone de défense dont l'accès est interdit aux troupeaux ; 2° boiser cette zone par des plantations appropriées au sol et au climat, ou tout au moins y favoriser la végétation herbacée ; 3° planter des arbustes ou des broussailles à racines filamenteuses sur les berges vives, dont l'éboulement est sans cesse à craindre ; 4° construire enfin des barrages en pierres ou en fascines en travers de tous les ravins, de façon à entraver le cours de l'eau et l'obliger à déposer les détritus dont elle est chargée. Ces diverses opérations, simples au fond et même peu coûteuses, devaient rencontrer cependant une vive résistance de la part des plus intéressés, des habitants de la montagne, qui de mémoire d'homme usaient et abusaient de leurs pâturages, et ne se résignaient pas de bonne grâce à en faire le sacrifice. Exclure les troupeaux d'une partie de leurs terrains, c'était en effet leur enlever une partie de leurs revenus ; encore moins auraient-ils consenti a faire les frais des autres travaux de défense. Après bien des discussions et des hésitations, il fut démontré que l'initiative locale était impuissante, et que le concours de l'état était nécessaire. Ce fut alors qu'intervint la loi du 28 juillet 1860 sur le reboisement des montagnes.

Il existait déjà, dans l'arsenal des lois antérieures, quantité de mesures exceptionnelles édictées avec l'intention de faire obstacle au déboisement de la propriété forestière ; mais, outre que ces mesures restrictives avaient pour but d'empêcher le défrichement plutôt que de favoriser le reboisement des cantons défrichés mal à propos, elles avaient encore l'inconvénient de ne pas faire la distinction qu'il convient entre les forêts des plaines et celles des pays montagneux. Antérieurement à 1860, on ne peut citer qu'une seule grande opération de reboisement entreprise dans un dessein d'utilité publique : c'est la plantation des dunes de Gascogne, par laquelle Brémontier, ancien ingénieur de la généralité de Bordeaux, s'est illustré. En 1845, sur la demande de la plupart des conseils-généraux, un projet de loi avait été préparé qui avait pour but de soumettre au régime forestier tous les terrains sur lesquels l'utilité publique commandait de régénérer les bois ou les pâturages. Ce projet trop radical n'avait pas eu de suite. C'eût été sans contredit s'engager dans des dépenses illimitées et porter une grave atteinte aux droits de la propriété privée.

La loi du 28 juillet 1860 eut une bien moindre portée. Elle ne déclare le reboisement obligatoire que sur les terrains en pente et dans le cas seulement où l'état du sol est un danger pour les terrains extérieurs. Encore dans ce cas soumet-elle la déclaration d'utilité publique à des formalités d'enquête et d'informations qui sauvegardent l'intérêt des propriétaires. Elle ne permet d'atteindre en une année que le vingtième du territoire d'une commune, ce qui garantit les habitants des montagnes contre l'expropriation en masse de leurs pâturages. Au surplus, en mettant la plus forte partie des dépenses à la charge de l'état, le législateur limitait de très près l'intervention de l'administration forestière. On évaluait alors à plus de 1,100,000 hectares la superficie susceptible d'être reboisée, et on affectait à ces travaux une subvention de 10 millions de francs à dépenser en dix ans. Comme on estimait la dépense du reboisement à 180 francs par hectare, il était évident que les opérations ne pouvaient porter en moyenne que sur 8,000 hectares par an. Seulement il était bien entendu que les premiers travaux de reboisement devaient être entrepris dans les cantons victimes des ravages des torrents, où le remède devait être le plus efficace en même temps que le danger du *statu quo* y était le plus grave. Néanmoins la loi sur le reboisement des montagnes, réduite à ces proportions modestes, fut encore mal accueillie par les populations pastorales qu'elle avait l'intention de sauvegarder. Les montagnards n'apercevaient que le résultat immédiat, la mise en réserve des communaux, et prétendaient que leurs troupeaux périraient tous en attendant les herbages sous bois qu'on leur promettait dans vingt ans. Habitués aux maigres ressources de la dépaissance et trop pauvres pour s'en passer, ils se voyaient en expectative privés du domaine dont ils avaient toujours joui. Ils avaient en effet quelque raison de s'effrayer, puisqu'on ne leur parlait que de transformer ces pâtures en forêts, et, avec l'exagération à laquelle le paysan qui se voit menacé dans son bien se laisse volontiers aller, ils comparaient les agents forestiers à « des ogres prêts à dévorer les troupeaux et les pâtures. » Il y avait du bien-fondé dans cette opposition. La plantation des friches était le plus souvent inutile, et, si l'on y eût insisté, la mesure eût profité aux communes situées dans les vallées au détriment de celles dont le territoire était sur les hauteurs. L'administration forestière eut la sagesse de le reconnaître. En 1864, elle provoqua le vote d'une nouvelle loi qui substituait le gazonnement au reboisement dans tous les cas où la végétation arborescente était une précaution superflue. L'érosion du sol par les torrents n'a pas été toujours la conséquence d'un déboisement intempestif ; en beaucoup d'endroits, le mal n'a d'autre cause que l'abus de la dépaissance, la destruction des herbages par la dent vorace du mouton et de la chèvre. Dans ce cas, il est inutile de faire venir des arbres ou même des arbustes ; il suffit d'herbages qui raffermissent le terrain, à la condition qu'on ne permette pas aux troupeaux de les tondre jusqu'à la racine. Sur les pentes que les eaux n'ont pas encore entamées, la moindre broussaille, une simple touffe d'herbe, retarde l'écoulement des eaux pluviales, les divise, conserve la fraîcheur du sol au profit de la végétation elle-même, et retient les cailloux prêts à s'ébouler. Le résultat est atteint sans que le paysan soit privé de la vaine pâture, qui est quelquefois son unique gagne-pain.

Ainsi l'œuvre de régénération des montagnes consiste dans le gazonnement des parties encore saines et dans le reboisement des terrains profondément attaqués par le torrent, indépendamment des barrages et autres moyens de défense par lesquels on retarde l'écoulement des eaux. Les forêts constituent ainsi de vastes abris qui, dans la région moyenne, protègent les pâturages, et dans le haut préviennent la formation des avalanches. Le paysan reçoit une double satisfaction, puisqu'on remet en bon état les terres de parcours de ses troupeaux, et qu'on lui promet en même temps à courte échéance le bois dont il a besoin pour les usages journaliers de la vie.

A l'aide de ces deux lois fécondes sur le reboisement et le regazonnement des montagnes, l'administration forestière a, obtenu en peu de temps de merveilleux résultats. En dix ans, de 1860 à 1870, malgré les hésitations et les incertitudes du début, 95,000 hectares de terrains en pente furent régénérés. Le département des Hautes-Alpes, si maltraité jusqu'alors par les eaux sauvages, eut la plus belle part de ces travaux. Avec le temps, les préventions que les paysans montraient d'abord se sont évanouies. La mise en réserve des pâturages, que l'on repoussait dans le principe, même par la violence, est regardée maintenant comme le salut du pays, sauf par un petit nombre de mécontents qu'inspire trop évidemment l'intérêt personnel. Réglementer les pâturages, boiser les ravinements, voilà la préoccupation du pays. Le conseil-général des Hautes-Alpes en proclame avec enthousiasme l'utilité. Bien loin de rencontrer encore des résistances, les ingénieurs forestiers se sentent appuyés par l'opinion ; MM. Séguinard et Costa de Bastelica, auxquels la direction de cette œuvre importante est confiée, reçoivent la sympathique expression de la reconnaissance publique. Peu à peu, dans la montagne, les hideux ravins qui rongeaient les coteaux disparaissent sous la verdure ; dans la plaine, les cônes de déjection se couvrent de belles récoltes et de plantations ; le lit des torrents est fixé ; les routes franchissent les plus mauvais passages sur des ponts que les crues n'enlèvent plus ; les ruisseaux qui descendent à la rivière sont limpides au lieu d'être chargés de cailloux et de sédiments. Si cette transformation pouvait être poussée jusqu'à ses dernières limites, la Durance n'amènerait bientôt plus à Marseille que des eaux vives et pures en place de cet épais liquide que les filtres sont impuissants à clarifier. Pourtant tous les torrents ne sont pas susceptibles d'être éteints par ces ingénieux procédés. Il en est qui prennent naissance près des cimes de la montagne, à une telle hauteur que la végétation n'y saurait prospérer. Ceux-là sont incurables ; ils continueront leurs ravages jusqu'à ce qu'ils aient entraîné tout le terrain meuble et mis à nu les roches primitives.

Il y a quelques années, surgirent, — on s'en souvient peut-être, — de longues controverses sur le rôle météorologique des forêts. Les uns soutenaient qu'elles attirent la pluie et la grêle, et d'autres qu'elles les éloignent. On discutait beaucoup sur la façon dont les arbres modifient l'évaporation et l'infiltration des eaux pluviales, sur les rapports entre les défrichements et les inondations des grandes rivières. Ces problèmes sont encore bien obscurs, comme tout ce qui se rapporte à la science un peu vaine que l'on appelle la météorologie. Ce qui s'agitait dans ce débat était plus grave qu'une simple question scientifique ; il s'agissait en effet de savoir si les forêts doivent être conservées avec soin ou sacrifiées à des cultures plus productives. Les partisans de la sylviculture s'appuieraient sans doute avec empressement aujourd'hui sur les beaux résultats que le reboisement a donnés dans les Alpes. N'est-ce pas en plantant des montagnes chauves que l'on y ramène la richesse et la sécurité ? il serait inexact d'en tirer tout de suite des conséquences trop favorables aux forêts. Rien ne prouve après tout que la végétation arborescente influe sur le climat, ce qui serait le point important à établir. Dans les montagnes, les arbres jouent en quelque sorte un rôle mécanique, parce que leur feuillage donne de l'ombre à la terre et que leurs racines retiennent les eaux pluviales, que par suite ils modifient le régime des ruisseaux. A ce point de vue, les forêts des pays de montagne sont d'intérêt public ; c'est la sauvegarde des vallées et des plaines situées en aval. On l'a vu, le modeste gazon des pâturages est un protecteur presque aussi efficace que les plus belles futaies. Forêts et herbages contribuent à la bonne répartition des eaux sur de vastes étendues de territoire, et, si l'on a l'imprudence de les laisser dépérir, le dommage s'en fait sentir au loin.

Est-il besoin de cet avertissement pour nous faire voir que toutes les parties du territoire national sont solidaires les unes des autres ? On l'a peut-être trop oublié. On s'est laissé persuader insensiblement que les plaines aux belles récoltes, aux cultures intensives, méritent seules d'attirer l'attention, que les départements très peuplés ont seuls droit aux chemins de fer, aux canaux, que les travaux publics dont le budget de l'état fait les frais doivent être réservés aux régions de la France qui en tirent le plus de profit, et si l'on consent à les distribuer d'une main avare aux contrées moins richement dotées par la nature, il semble que ce soit une aumône qu'on leur accorde. Cet égoïsme est un mauvais calcul ; ce qui précède l'a suffisamment démontré.

Au moyen âge, les régions montagneuses de la France vécurent dans un état de tranquillité relative que des pays en apparence plus prospères pouvaient leur envier. On y était à l'abri des invasions, des conquêtes ; l'âpreté du sol les protégeait contre les bandes armées qui se livraient au brigandage quand la paix leur faisait des loisirs. Les Cévennes et les Alpes ne connurent la guerre qu'aux époques d'intolérance religieuse. Les montagnards étaient en somme paisibles et heureux, car du monde extérieur ils ne voyaient rien qu'ils eussent raison d'envier. Un peu plus tard, lorsqu'ils se trouvèrent en relations plus intimes avec les habitants de la plaine, ils eurent leurs représentants dans les assemblées du Dauphiné, du Languedoc, de la Guienne, où l'esprit local était encore puissant et vigoureux. On les connaissait, on leur venait en aide volontiers ; mais, quand toutes les provinces de l'ancienne France se virent découpées en départements de moindre étendue, et que la solution des moindres questions de clocher eut été transférée à Paris, ces pays pauvres et peu peuplés ne comptèrent plus dans le gouvernement qu'à proportion du faible chiffre d'impôt qu'ils payaient et du petit nombre de députés qu'ils envoyaient aux assemblées délibérantes. On les oublia, comme si la plus maigre portion du territoire pouvait être négligée sans que le reste en souffrît. C'est l'histoire des montagnes, c'est aussi l'histoire des contrées stériles telles que les Landes et la Sologne. Seulement pour celles-ci, que le progrès entourait de tous côtés, la réparation est venue plus tôt. On a compris enfin qu'un département du centre de la France n'est pas laissé à l'abandon sans que les départements environnants en soient aussi victimes. Dans les Alpes, l'œuvre de la régénération n'a fait que commencer avec le reboisement des montagnes ; il y faudrait bien d'autres travaux. Ces régions sévères où l'homme vit près des limites de la terre habitable et lutte contre tous les fléaux, gelée, sécheresse, pluie ou torrent, sont comme un édifice délabré qu'il faut reprendre en sous-œuvre, si l'on ne veut qu'il périsse en entier. La population l'abandonne, la richesse publique s'y amoindrit chaque année. Routes et chemins de fer, institutions de crédits et établissements publics, tout y est à faire comme dans un pays neuf. C'est un pays à reconquérir, non sur l'ennemi, ce qui serait glorieux, mais sur la nature, ce qui est plus glorieux encore.

ISBN : 978-1976541209

www.ingramcontent.com/pod-product-compliance
Lightning Source LLC
Chambersburg PA
CBHW050256230526
45470CB00005B/2288